DÉPOSITION

FAITE

DEVANT LA COMMISSION DE LA HAUTE-[illegible]

PAR

le Dr ALFRED [illegible]

Lauréat de l'Académie des sciences, Inscriptions et Belles-Lettres
de Toulouse.

TOULOUSE,

IMPRIMERIE CH. DOULADOURE

BOUGET FRÈRES ET DELAHAUT, SUCCESSEURS,
rue Saint-Rome, 39.

1866.

ENQUÊTE AGRICOLE.

DÉPOSITION

FAITE

DEVANT LA COMMISSION DE LA HAUTE-GARONNE

PAR

Le Dr ADAM (Armand),

Lauréat de l'Académie des Sciences, Inscriptions et Belles-Lettres
de Toulouse.

TOULOUSE,

IMPRIMERIE CH. DOULADOURE ;

ROUGET FRÈRES ET DELAHAUT, SUCCESSEURS,
rue Saint-Rome, 39.

1866.

ENQUÊTE AGRICOLE.

DÉPOSITION

FAITE

DEVANT LA COMMISSION DE LA HAUTE-GARONNE.

Messieurs,

C'est en 1861 que fut inauguré le régime commercial auquel nos populations agricoles s'obstinent à attribuer, pour une large part, la crise qui a motivé cette enquête. Ce fut aussi à la suite d'une enquête que la législation protectrice, sous laquelle l'agriculture avait fait des progrès incontestables, dut disparaître pour faire place à une législation inspirée par les doctrines libre-échangistes venues d'Outre-Manche, et dont l'illustre Cobden a été l'heureux initiateur. Cinq ans se sont à peine écoulés, et la situation des intérêts engagés est telle que, de l'aveu de tous, partisans ou adversaires du libre-échange, il est devenu indispensable de consulter l'opinion publique. Dira-t-elle que notre appauvrissement provient d'un excès d'abondance? qu'il est la conséquence fatale des dons que la Providence nous a prodigués avec trop de libéralité? Je ne veux rien préjuger quant à présent. Je veux simplement dégager de ce fait un enseignement qui, je l'espère, ne sera pas perdu. Des hommes considérables avaient fait entendre de salutaires avertissements ; ils ne voyaient pas sans une certaine anxiété notre système économique se transformer avec une précipitation qui touchait presque à la témérité. Mais les intentions étaient excellentes ; les qualités éminentes du ministre qui présidait à ce grand mouvement de réforme devaient faire espérer qu'elle serait conforme aux vrais intérêts de la France. La question, d'ailleurs, avait été étudiée avec un soin auquel je me plais à rendre hommage ; malheureusement, Messieurs, à toutes les époques, il y a des idées dominantes qui forment autour de nous une sorte d'atmosphère à laquelle les meilleurs esprits ne peuvent se soustraire. Et quand ces idées revêtent un caractère de grandeur et de générosité incontestable ; quand elles viennent s'abriter derrière le drapeau de la liberté, elles acquièrent une force à laquelle on cherche d'autant moins à résister, qu'on ne trouverait pas dans cette lutte les faveurs, toujours assez douces, de la popularité. Les idées nouvelles devaient prévaloir ; elles prévalurent, en effet, et nous eûmes le traité de commerce avec l'Angleterre, et l'abolition de l'échelle mobile.

L'enquête qui se fait aujourd'hui saura, nous l'espérons, s'affranchir de tout esprit de système. Sa généralisation est

une garantie de sa sincérité. En appelant tous les intérêts
à s'affirmer, cette sorte de suffrage universel, en matière
d'économie sociale, empêchera désormais les vues théoriques de venir prendre, dans la rédaction de nos lois, la
place qui ne doit appartenir qu'aux leçons de l'expérience.
Mais il importe de ne pas se faire illusion; si, pour des
motifs que je ne saurais prévoir, l'enquête n'aboutit qu'à
une déception, soyez-en convaincus, Messieurs, demain
la question se posera de nouveau plus pressante et plus
impérieuse que jamais. Il est des industries, et l'agriculture est au premier rang, dont la prospérité est tellement
liée à celle de l'État, que leurs souffrances ne sauraient se
prolonger longtemps sans un grave dommage pour la société tout entière. On a dit que l'agriculture était sur le
point de périr; non, Messieurs, l'agriculture ne périra
pas, la société périrait avec elle. Les faits, plus forts que
les systèmes, nous forceront à rejeter toute solution qui
serait de nature à compromettre sa prospérité.

Messieurs, toutes les dépositions n'ont pas attendu,
pour se produire, l'ouverture de l'enquête. Plusieurs propriétaires du Midi ont déjà porté leurs doléances devant le
premier corps de l'État; et je n'ai pu voir, je l'avoue, sans
une certaine tristesse, le superbe dédain avec lequel les
apôtres du libre-échange ont accueilli ces pauvres agriculteurs qui, sans être versés dans la science des chiffres,
ont osé se plaindre de ne pouvoir vendre leurs denrées et
suffire aux charges que la société leur impose. La Commission aura la sagesse de comprendre que ce n'est pas de nous
qu'il faut attendre de savantes dissertations. Nous ne pouvons vous apporter ici que le sentiment de nos besoins,
simplement et sincèrement exprimé. Eh! Messieurs, le

bon sens n'est pas toujours la voie la plus mauvaise pour arriver à une saine appréciation des faits.

Pour moi, j'aborde ce débat sans aucune préoccupation personnelle. Je cherche la vérité ; c'est mon droit, c'est mon devoir. Je ne saurais renoncer à mon droit, et je ne suis ni assez vain ni assez modeste pour que le sentiment de mon insuffisance me puisse faire oublier mes devoirs.

Il ne me sera pas possible, Messieurs, de suivre le Questionnaire général, que le hasard a mis entre mes mains, dans l'ordre et le développement qu'il a cru devoir donner aux diverses questions sur lesquelles doit porter l'enquête.

Je crains que leur multiplicité ne fasse perdre de vue celles dont l'importance est réelle et capitale.

Il en est qui ne me paraissent comporter qu'une réponse peu précise, et par conséquent d'une utilité contestable. Comment préciser le capital de roulement nécessaire à une exploitation ? L'importance de ce capital dépend de la nature du sol, du genre de cultures qui lui conviennent, des améliorations qu'il nécessite, etc.

D'autres sollicitent une réponse déterminée : le nivellement des prix n'explique-t-il pas que, dans certaines contrées où les récoltes ont mal réussi, les prix restent à un taux peu élevé, tandis qu'ils se maintiennent à un taux rémunérateur dans les contrées où la récolte a été surabondante ? La formule même de la question ne semble-t-elle pas dicter la réponse ? Pourquoi ne pas en laisser au déposant toute la spontanéité ?

J'y remarque encore des confusions fâcheuses. Le bien-être des populations agricoles s'est-il accru depuis trente ans ? Sans doute, il s'est accru, mais nous avons vécu depuis trente ans sous deux législations distinctes. Il importe de ne pas attribuer à la législation de 1861 la situation prospère que nous avait créée la législation protectrice sous laquelle nous avions fait des progrès que nul ne conteste.

Et la question 147 : Les grains importés sont-ils venus faire concurrence aux blés indigènes sur les marchés de la *contrée?* Pensez-vous qu'il soit nécessaire que les blés étrangers arrivent sur les marchés de la contrée pour nous faire une concurrence sérieuse ? Et les importations faites à Marseille n'auront-elles pas un retentissement nécessaire sur tous les marchés de la France ?

Enfin, Messieurs, je regrette que le Questionnaire ait relégué dans l'ombre les questions sur lesquelles il convenait, selon moi, d'insister davantage. Telles sont celles qui sont relatives aux octrois, à l'impôt des boissons, au libre échange à l'intérieur.

Je ne sais, Messieurs, si je dois refaire, après tant d'autres, le tableau de nos misères; elles ont été niées, je le sais ; mais avec tant de timidité, qu'on y peut bien voir un hommage de plus à la légitimité de nos plaintes. Cette enquête, jugée nécessaire par le gouvernement lui-même, n'en atteste-t-elle pas la réalité ? Depuis qu'elle est promise, de graves événements ont agité le monde politique ; une guerre désastreuse a ensanglanté l'Allemagne ; un instant nous avons pu craindre d'être forcés d'y prendre part. Ces événements, cette guerre imminente, ont-ils pu faire oublier un seul instant la question qui nous occupe ? Si elle avait été soulevée par des intérêts isolés, surexcités par l'esprit de parti, pensez-vous qu'elle ne se serait pas effacée devant la gravité des événements ? Je ne croirais pas devoir insister, Messieurs, si je n'avais l'intention de préciser mieux qu'on ne l'a fait la situation vraie de nos populations agricoles, la part de bien-être qui leur revient dans cette société dont leurs travaux assurent l'existence.

Vous savez, Messieurs, que la surface territoriale de la France est de 53 millions d'hectares. 4 millions forment le domaine de l'Etat et des communes; 49 millions appartiennent à la propriété privée (1).

Ces 49 millions d'hectares se divisent en 136 millions de parcelles possédées par 7 millions 578 mille propriétaires ; soit, pour chacun d'eux, 6 hectares et demi en 18 parcelles.

Les propriétés bâties sont au nombre de 7 millions 577 mille, dont 6 millions 777 mille dans les campagnes, villages, bourgs, et 800 mille dans les villes dont la population dépasse 5 mille habitants. Les intérêts de celles-ci n'ont rien de commun avec ceux de la propriété rurale. Mais, dans les campagnes, le sol et les bâtiments nécessaires à son exploitation viennent se confondre dans les mêmes mains: leurs intérêts sont les mêmes. Ils ont une valeur vénale de 90 milliards. Leur revenu, en 1851, était de 2 milliards 254 millions. Ce revenu s'est accru ; il est aujourd'hui, d'après les données fournies par le gou-

(1) D'après le tableau dressé, en 1859, par le ministre des finances, les terrains se divisent en :

Terrains de qualité supérieure	700271
Terres labourables	25740388
Prés	4920059
Vignes	2179990
Bois	7992239
Cultures diverses	502221
Landes et terres incultes	7290348
Total	49325516

vernement, de 3 milliards environ (1). N'ayant aucun moyen de contrôler ces chiffres, je dois les accepter, et je les accepte.

Quand on cherche, ainsi que je le fais en ce moment, le revenu net de la propriété rurale, il convient d'en déduire les impôts qui pèsent exclusivement sur elle :

L'impôt foncier et les centimes additionnels au profit des départements et des communes, qui ont donné, en 1863 . . . . 297 millions.

L'impôt de l'enregistrement, greffe et hypothèques. . . . . 318 —

L'impôt sur les sucres indigènes . . . . . 46 —

Total. . . . . 661 millions.

Le revenu se trouve ainsi réduit à 2 milliards 339 millions ; ce qui donne, pour chaque propriétaire, 345 fr. 08 c. Chaque propriétaire étant chef de famille, et chaque famille composée en moyenne de quatre individus, vous trouvez, par individu, un revenu net de 86 fr. 65 c.

Voilà, Messieurs, ce que donne le sol à ces 28 millions de travailleurs qui l'arrosent de leur sueur, qui le fécondent par leur activité et leur intelligence, et dont le rude labeur ne connait pas le repos :—2 fr. 55 c. d'intérêt de sa valeur vénale. Et notez que ce sol ne leur appartient qu'en partie ; il est grevé de 10 milliards d'hypothèques, dont ils paient l'intérêt à 5 fr. 75 c. p. 100. Est-il donc étonnant que leur situation soit si difficile ?

D'ailleurs, ces 86 fr. 65 c. sont loin de représenter la somme que l'habitant des campagnes peut consacrer à la

(1) Marquis d'Audiffret. — Rapport au Sénat sur la loi de finances portant fixation du budget pour l'année 1867.

satisfaction de ses besoins. Il faut encore qu'il vienne contribuer, avec les détenteurs de la fortune mobilière, dont le revenu s'élève à 4 milliards 500 millions, à toutes les charges publiques. Il paiera sa part des contributions personnelle, mobilière, des portes et fenêtres; de l'impôt du timbre, des taxes de consommation sur les sels, tabacs, etc.

Je ne parle pas des frais énormes que lui inflige une procédure détestable (1) quand il a la légitime prétention

(1) J'emprunte à M. le président Bonjean le calcul des frais qu'occasionne une action en bornage, en supposant, d'ailleurs, le procès exempt de toute complication :

Procédure devant le juge de paix, au moins....... 75,40
Appel devant le tribunal, en supposant que le tribunal ne croie pas devoir ordonner aucune instruction nouvelle........................... 153,80
               Total..................... 228,90

Les titres, la propriété ont été contestés ; le juge de paix s'est déclaré incompétent ; on se présente devant le tribunal d'arrondissement :

Frais de première instance..................... 423,15
Frais d'appel................................ 598,34
               Total..................... 1021,49

Il faut donc que le propriétaire se résigne à supporter les envahissements incessants d'un voisin peu honnête, ou qu'il s'engage dans un procès qui ne sera pas sans frais s'il le gagne, et lui coûtera 1000 fr. s'il le perd. Or, quel est le procès qu'on ne perd pas? Nos juges ne sont, hélas ! que trop faillibles. Le tribunal suprême casse les arrêts de cour d'appel dans la proportion de 59 pour 100, et celles-ci réforment un tiers des jugements de première instance. (Compte-rendu de la justice civile pour l'année 1864.)

Il y a beaucoup trop d'hommes d'affaires entre le justiciable et son juge.

Quant aux ventes judiciaires, elles occasionnent des frais qui s'élèvent à 121 pour 100 pour les ventes qui produisent moins de 500 fr.; et à 45 pour 100 pour celles qui produisent de 500 fr. à 1000 fr. Énoncer ces faits, c'est démontrer qu'une réforme est nécessaire.

de revendiquer ses droits ; prétention respectable, Messieurs, jusque dans ses exagérations, car cet attachement à la propriété constituera toujours pour les sociétés le lien le plus sûr et le plus précieux.

Je ne parle pas non plus de l'impôt sur les boissons et de celui des octrois ; ils reviendront naturellement dans la suite de cette déposition.

Vous le voyez, Messieurs, l'agriculture, cette mamelle de la France, comme l'appelait Sully, n'a jamais réservé pour ses enfants qu'une bien petite part de son lait. Cette part lui a été ravie plus d'une fois. Dans les moments difficiles, quand les capitaux se cachent et que les revenus indirects s'évanouissent, c'est toujours à la propriété foncière que les gouvernements s'adressent, parce qu'elle ne peut ni ne veut se dérober aux atteintes du fisc.

Pour moi, j'ai peine à comprendre que nos populations agricoles vivent de si peu. Le luxe ne les a pas encore séduites ; elles n'ont pas goûté à la coupe des plaisirs dont les populations urbaines se rassasient à leur aise et un peu à nos dépens. La civilisation n'a pas multiplié leurs besoins. C'est un véritable bonheur, le seul que je leur connaisse, et que la société a grand intérêt à leur conserver.

Je crains bien qu'il n'en soit pas ainsi, et que voyant autour d'elle le bien-être s'accroître plus que ne le comporte le progrès de la production nationale, elles ne finissent par se lasser d'une infériorité que des exigences mal justifiées ne font que mieux ressortir. Nous avons vu récemment toutes les industries se mettre en grève. Les employés de l'État ne cessent de réclamer une augmentation de salaire. Leur situation, depuis quinze ans, s'est singulièrement améliorée ; et, chose remarquable, toute augmen-

tation de traitement est invariablement motivée sur l'enchérissement des choses nécessaires à la vie, — quand le blé
est à 16 fr. et le vin à 8 fr. l'hectolitre. Je ne suis certes
pas hostile aux employés de l'État; je sais les services
qu'ils rendent, et je suis bien aise de voir leur bien-être
s'accroître; je ne viens pas réclamer le gouvernement à
bon marché, bien que cette chimère m'ait toujours été un
peu chère. Mais il me sera permis de faire remarquer que,
pour nous aussi, il s'agit d'une augmentation, ou plutôt,
car nous sommes plus modestes, d'un maintien de salaire.
Et dans une discussion où les mots eux-mêmes peuvent
avoir une certaine importance, il faut bien qne l'on sache
que ce n'est pas la propriété qui se plaint, mais le travail,
et qu'il vient réclamer au nom de l'égalité et non pas au
nom du privilége.

Les travailleurs de l'agriculture se divisent en deux ca-
tégories : ceux qui cultivent eux-mêmes leurs propres
champs, et les ouvriers mercenaires. Le travail de ces
derniers se paie un tiers de plus qu'il ne se payait il y a
quinze ans. Ceci n'est pas contestable, et personne ne le
conteste. Mais on s'écrie avec une sentimentale indigna-
tion : comment, vous vous plaignez de l'augmentation des
salaires, quand, au nom de l'humanité, vous devriez vous
en réjouir ! Oui, si nous pouvions suffire à leurs exigences
légitimes, je le reconnais, modérées si on les compare à
celles qui se produisent ailleurs, mais malheureusement
au-dessus de nos ressources. Cependant le propriétaire
cultivateur a dû se résigner, dût-il ne lui rester que ce
qu'il portera dans les caisses de l'État. Que faire? les
ouvriers manquent. L'armée en absorbe une partie; et ici,
qu'il me soit permis de manifester l'espoir que le contin-

gent pourra être réduit, aujourd'hui que, d'après la circulaire même de M. le marquis de Lavalette, la nouvelle organisation de l'Allemagne a fait disparaître de ce côté toute espèce de danger. Je dis donc que l'armée absorbe beaucoup trop de travailleurs; les autres fuient vers les villes où les appelle un travail plus facile et mieux rétribué. Loin de maintenir les populations disséminées sur toute la surface du territoire, ce que tous les économistes considèrent comme la règle la plus essentielle de toute bonne politie, le gouvernement prend à tâche de les concentrer dans les villes, à l'aide de ce levier puissant qui s'appelle le budget. Nos campagnes seront bientôt désertes. Ce phénomène, Messieurs, doit faire sérieusement réfléchir tous ceux qui ont à cœur les intérêts sociaux; car il sera, dans un avenir prochain, la cause d'embarras que je ne puis envisager sans un certain effroi (1).

C'est au milieu de ces difficultés que la législation, en abolissant l'échelle mobile, est venue nous mettre en concurrence avec le marché universel.

L'échelle mobile avait pour but d'assurer à la fois, par la graduation des taxes, le marché national à nos produits en temps d'abondance, et les approvisionnements en temps de disette. La taxe croissait en raison inverse de l'abaissement des prix, de façon à favoriser les importations quand les prix étaient trop élevés, et à les arrêter quand ils descendaient trop bas. Ce système ne laissait pas que d'être

(1) Les hommes inégalement disséminés sur le territoire, et entassés dans un lieu, tandis que les autres se dépenplent..... l'agriculture sacrifiée au commerce..... telles sont les causes les plus sensibles de l'opulence et de la misère; de la haine mutuelle des citoyens; de la corruption des peuples. (J.-J. Rousseau. — *De l'économie politique.*)

assez ingénieux. Nos pères en étaient épris ; mais il est tout à fait démodé, et l'on ne peut guère le défendre aujourd'hui sans s'exposer aux qualifications d'hommes du passé, d'esprit rétrograde et routinier que nos adversaires nous prodiguent avec une libéralité tout à fait édifiante. Des hommes illustres ont bravé ces qualifications, et ils ont bien fait. Pour moi, je suis trop humble, et je renonce à le défendre ; je me contenterai d'établir que la plupart des reproches qu'on lui faisait étaient singulièrement exagérés.

Avec ce système, nous dit-on, le commerce était paralysé. L'importateur, toujours incertain sur les droits qu'il payerait à son retour, n'osait se lancer dans des spéculations que les exigences du fisc pouvaient rendre ruineuses. Il attendait, pour agir, les hausses extrêmes. Alors les commandes se multipliaient. Mais un long temps s'écoulait avant qu'elles fussent réalisées. La récolte nouvelle était là ; les approvisionnements dépassaient les besoins, une baisse désastreuse succédait à une hausse exagérée, et la loi ne faisait qu'aggraver les dangers qu'elle avait la prétention de faire disparaître.

Cette objection a-t-elle conservé sa valeur, aujourd'hui que la télégraphie a supprimé les distances ; que les commandes peuvent se faire au fur et à mesure des besoins, et que les blés de la mer Noire nous sont remis moins de deux mois après la demande ?

Quoi qu'il en soit, voyons quelle a été l'importance des hausses et des baisses extrêmes dont on a tant parlé.

Il y a eu des hausses exagérées, je le veux bien. Ont-elles été aussi funestes qu'on l'a dit ? Il est beaucoup question aujourd'hui de la solidarité des peuples ; cette doctrine ne me déplaît pas. Mais la solidarité est bien plus étroite entre les citoyens d'un même État; le lien social doit les unir dans la mauvaise comme dans la bonne fortune. Eh bien, quand la Providence se montrait avare de ses dons, la hausse venait indemniser l'agriculteur d'une partie de ses pertes. C'était un malheur supporté en commun; la gêne était pour tous, la ruine pour personne. Le propriétaire avait encore le moyen d'alimenter le travail, de poursuivre l'œuvre des améliorations qui devaient le mettre à même de lutter avec des chances meilleures contre les difficultés à venir. La hausse était fâcheuse, sans doute, pour la consommation, mais elle n'ébranlait pas la fortune publique; et, malgré quelques embarras passagers, les importations rendues libres assuraient au peuple des approvisionnements suffisants.

Quant à la baisse, je soutiens qu'elle n'a jamais été aussi désastreuse, pour nous, qu'en 1865, et je n'éprouve, pour l'établir, aucun embarras.

En 1833, le prix du blé est descendu à 15 fr. 25 c.

En 1849, à 15 fr. 37 c.

En 1851, à 14 fr. 48 c.

Voilà les plus bas cours que je connaisse.

On m'accordera que l'année 1851 n'était pas une époque normale, et que la situation politique devait amener, dans les transactions commerciales, une perturbation dont la valeur des produits du sol devait nécessairement se ressentir. Eh bien, ce prix de 14 fr. 48 c. était encore bien plus rémunérateur que celui de 16 fr. 41 c. en 1865.

En effet, Messieurs, l'agriculteur est un fabricant. Avant de vendre, il faut qu'il achète. Il achète le sol, ma-

tière première de ses produits ; il achète le travail, l'ou-
tillage, l'engrais, la semence, etc. Son bénéfice est dans
la différence entre le prix de vente et celui de revient ; si
ce dernier s'accroît, et que celui de vente ne s'accroisse
pas dans les mêmes proportions, ce bénéfice s'amoindrit
et disparaît. Le prix de revient, me dites-vous, impossible de le connaître ; il dépend de tant d'éléments divers :
la nature du sol, le mode de culture, les assolements, les
circonstances climatériques, etc. Ces difficultés sont réel-
les ; mais sont-elles moindres quand il s'agit de connaître
le rendement général ou la consommation annuelle de la
France ? et Dieu sait qu'elles ne vous arrêtent pas. J'espère que vos procédés me conduiront à une approximation
aussi satisfaisante. J'ai interrogé les propriétaires dont
l'expérience et les lumières me paraissaient dignes de
toute confiance ; je me suis livré à une véritable enquête
locale. Les investigations les plus minutieuses me permettent de fixer ce prix de revient à 21 fr. 76 c., sur lesquels
8 fr. 44 c. pour la main-d'œuvre (1). Or, personne ne le
conteste, la main-d'œuvre, il y a quinze ans, se payait

(1) Les landes et terres incultes ne payant pas ou presque pas d'impôts, les 661 millions qui sont à la charge exclusive de la propriété
rurale, pèsent, en réalité, sur 42 millions 33 mille hectares. Soit
15 fr. 72 c. par hectare.

Nous verrons plus tard ce qu'il faut penser de la culture intensive.
L'expérience, dans nos contrées, a consacré deux modes d'assolement
généralement adoptés, quelle que soit l'importance de l'exploitation :
l'assolement biennal, dans lequel l'ensemencement en blé alterne avec
le repos ; l'assolement triennal, en 6 ans : 2 ans blé, 2 ans menus
grains, 2 ans repos. Les deux années de menus grains équivalent à peu
près à une année de blé. Dans les années de repos, les meilleures terres
donnent les fourrages indispensables pour l'entretien du bétail et la fabrication des engrais. D'où il suit, qu'une récolte de blé supporte, en

un tiers de moins, et le bénéfice s'augmentait d'autant.

Ce n'est pas tout : tandis que le prix de vente diminue ou reste stationnaire, toutes les autres choses nécessaires à la vie enchérissent, ou, si vous l'aimez mieux, la valeur de l'argent diminue. Or, pour nous, le blé ce n'est pas seulement le pain ; c'est encore le vêtement, l'habitation, l'instruction même ; c'est, à l'aide du change, la possibilité de satisfaire tous les besoins de la vie matérielle et morale. L'argent n'est qu'un intermédiaire, un signe conventionnel destiné à faciliter le change. La vraie mesure de la rémunération, ce n'est pas l'argent, c'est la somme

réalité, l'impôt de deux années, soit 31 fr. 44 c. par hectare ensemencé.

Pendant la dernière période quinquennale, la production moyenne, pour la région Sud-Ouest, a été de 11 hectolitres 27 centilitres, et, par conséquent, l'impôt, par hectolitre, de 2 fr. 78.

Cela posé, voici comment j'établis le prix de revient :

	PRIX DE REVIENT.	
	par hectare.	par hectol.
Sol valaut 1300 fr. (*a*), intérêts de 2 ans à 3 p. 100 seulement (*b*).....................	78	6,92
Salaire des ouvriers { moisson, battage } ⅛ de la récolte. Soit 141 lit. ✕ 16 fr. 41.	23,13	2,05
{ travaux de culture.....................	72	6,39
Semences, 180 litr. ✕ 16 fr. 41 c................	29,54	2,62
Impôt.........................	31,44	2,78
Outillage.........................	11,27	1
Totaux...............	245,58	21,76

Je ne déduis rien pour la valeur de la paille et des fourrages, parce qu'ils sont consommés sur place et convertis en fumiers.

(*a*) C'est le prix des terres de qualité moyenne et pouvant donner le rendement moyen de 14 hectolitres à l'hectare. Les terres de moindre valeur ne donnent pas 14 hectolitres ; et celles qui valent davantage peuvent donner des récoltes accessoires dont il faudrait tenir compte.

(*b*) Soit qu'il exploite ses terres ou qu'il les loue, le propriétaire s'estime heureux de retirer 3 pour 100 d'intérêt de leur valeur vénale.

2

des besoins satisfaits. — Que m'importe qu'un hectolitre de
blé vaille 18 fr. au lieu de 14, si je dois payer 30 fr. le
vêtement qui ne m'en coûtait que 20, si j'avais pour
900 fr. le travail annuel de l'ouvrier qui en exige 150?
L'honorable général Allart, dans une discussion sur le
taux de l'exonération militaire, affirmait que les 2,800 fr.,
prix actuel de l'exonération, équivalait à peine à la somme
de 1,500 fr. que coûtait un remplaçant en 1847. Donc,
le prix de 15 fr. 37 c. en 1849 était aussi élevé que le
serait, en 1865, celui de 23 fr.

J'insiste sur cette considération, elle a son importance;
elle me paraît infirmer d'une manière positive tous ces
raisonnements basés sur la comparaison des prix et dans
lesquels on a affecté de ne tenir aucun compte de la dépréciation du numéraire.

Et maintenant, que faut-il penser des magnifiques résultats que devait amener le libre échange. Un courant
commercial allait s'établir, qui nous permettrait de déverser nos produits en Angleterre et de lui prendre son or.
Quant aux importations, elles seraient toujours insignifiantes, car notre production suffit et au delà à notre consommation, et leur peu d'importance ne pourrait peser sur
les cours. Vous connaissez les faits; vous savez ce que sont
devenus les prix: il s'agit maintenant de savoir si leur avilissement provient uniquement d'un excès d'abondance, et
si la législation de 1861 y est restée étrangère.

Constatons d'abord que s'il en était ainsi, le gouvernement aurait manqué son but. Ce but, c'était la vie à bon
marché, l'augmentation de la consommation par la baisse
des prix, but louable assurément, et vers lequel doivent
tendre tous nos efforts. Malheureusement, ce n'est pas

une loi, quelle qu'elle soit, libérale ou prohibitive, qui nous le fera jamais atteindre. Une nation, comme un individu, ne peut et ne doit consommer que ce qu'elle produit, ou l'équivalent de ce qu'elle produit. Dès que la consommation dépasse la production nationale, un peuple, comme un individu, marche fatalement à sa ruine. Vous voulez augmenter le bien-être du peuple, eh bien ! encouragez, disons le mot, protégez s'il le faut le travail national ; activez ses forces productives. Tout autre moyen échouera infailliblement, ou, pis encore, favorisera les uns au détriment des autres, et blessera le principe d'égalité sur lequel repose notre état social.

Voyons cependant comment on a cherché à rejeter sur des circonstances passagères la dépréciation des produits du sol.

Ici, Messieurs, je me trouve en face de ce que j'appellerai l'argument officiel, parce qu'il a été reproduit à satiété par tous les organes du gouvernement. On nous dit : Prenez une période de cinq années, de 1861 à 1865 ; vous trouvez la production s'élevant à 497 millions d'hectolitres, tandis que la consommation, pendant la même période, n'a été que de 450 millions d'hectolitres. Donc, vous êtes en présence d'un stock de 47 millions d'hectolitres, provenant uniquement de l'abondance exceptionnelle des récoltes. Voilà la cause de la baisse, voilà la cause de vos souffrances.

Mais 47 millions d'hectolitres, au taux de 16 fr. 41 c., prix moyen de l'année 1865, cela représente encore une somme de 771 millions dont l'agriculture dispose ; et c'est dans une semblable situation qu'elle ose se plaindre. C'est quand l'abondance compense largement pour elle la dimi-

nution des prix, que le gouvernement prend en considération nos souffrances imaginaires ? Il est vraiment trop bon.
Si l'abondance est réelle, de deux choses l'une : ou l'agi-
tation qui se fait autour de cette question n'est qu'une
manœuvre de mécontents, et alors pourquoi cette enquête ?
pourquoi sommes-nous ici ? ou bien le malaise est réel, et
il est la conséquence de l'abondance, et à cela je ne vois
qu'une conclusion logique : il faut, à l'avenir, demander
à la Providence d'être un peu plus avare de ses dons.

Jusqu'ici, l'agriculteur se croyait d'autant plus riche
qu'il cueillait davantage ; erreur ! la disette ferait bien
mieux son affaire. Ah ! Messieurs, ne blasphémons pas
ainsi la Providence. Ses dons ne sauraient nous appauvrir,
et c'est certainement une triste logique que celle qui aboutit à une semblable conclusion.

Cette abondance, Messieurs, je suis convaincu qu'elle
n'a jamais existé que dans la statistique officielle. Les faits
le démontrent : quand la récolte de 1866, — qui ne sera
pas abondante, celle-là, — est arrivée à maturité, les approvisionnements de 1865 touchaient à leur terme. Les
propriétaires, pressés par la nécessité, avaient dû vider
leurs greniers. D'un autre côté, les importations s'étaient
ralenties, il s'est produit aussitôt un mouvement de
hausse. Cette hausse, on l'a présentée comme la termi-
naison de la crise ; il n'en est rien, elle s'explique naturellement. Du reste, je n'irai pas plus loin sans en chercher la signification et sans répondre à une objection qui
constituerait, si elle était acceptée, une sorte de fin de
non-recevoir.

On s'imagine, en effet, nous réduire au silence en nous
objectant le prix actuel des céréales, prix que bien des per-

sonnes considèrent comme suffisant et rémunérateur. Il le serait pour une année de production moyenne; pour une année de disette, il ne l'est pas. Mais il ne s'agit pas du présent; en temps de disette, nous savons nous résigner à la perte; il s'agit de l'avenir.

Eh bien, quand on veut étudier les effets de la concurrence sur les prix, il faut se placer en présence d'une année de production moyenne, dépassant de 4 ou 5 millions d'hectolitres les besoins de la consommation. Avant d'exporter, nous commençons d'abord par alimenter les départements du Sud-Ouest qui ne se suffisent pas. L'importation vient prendre notre place; mais elle ne le peut faire qu'en précipitant les cours, ce que ses prix de revient lui permettent toujours, et ce qui fait notre ruine. Notre excédant se trouve ainsi doublé, et le placement n'en est plus possible.

En temps de disette, il n'y a pas, à vrai dire, de concurrence. Avec quoi la ferions-nous, puisque nous manquons de blé?

La récolte actuelle est détestable, non-seulement en France, mais encore dans toute l'Europe occidentale. Le commerce ne l'ignore pas; il établit ses prix de vente, non pas d'après le prix de revient, mais d'après la facilité des placements; et comme il trouve partout des placements faciles, il en profite pour maintenir la hausse et faire d'excellentes affaires. En temps de disette, malgré la liberté, nous serons toujours à la merci du commerce.

Il ne faut pas le perdre de vue: l'importation est maîtresse de la situation. On a dit qu'avec la liberté, le pays qui produit le plus est maître des cours; c'est une erreur. L'action qu'il exerce sur le marché universel ne se mesure pas à la production absolue, mais à l'excédant de la production sur la consommation. Encore faut-il que cet excédant soit médiocre et les marchés étrangers mal approvisionnés. Si l'excédant se change en déficit, la concurrence n'existe plus ; c'est le commerce qui fait les prix.

La liberté commerciale ne précipite les cours que dans les années de production moyenne, quand nous aurions intérêt à les soutenir ; en temps de disette, elle reste sans action, et nous rachetons 25 fr. ce que nous avons vendu 15 fr.

La hausse actuelle ne prouve donc qu'une chose, mais elle la prouve jusqu'à l'évidence, c'est que le stock dont on a tant parlé était imaginaire. Comment le blé aurait-il pu hausser avec un stock de 47 millions d'hectolitres dont il aurait été impossible de trouver l'emploi ?

La statistique, Messieurs, est une excellente chose, quand les éléments sur lesquels elle repose se présentent avec un caractère de certitude incontestable. Quand elle repose sur des faits mal observés, c'est une arme perfide et dangereuse. On se méfie d'un raisonnement ; d'un chiffre, jamais. Son apparente précision ne fait que mieux dissimuler l'erreur et la déception qu'on se prépare.

Moi-même, Messieurs, j'ai été appelé à fournir ma part d'éléments à la statisque agricole ; j'ai recueilli ces éléments avec le plus grand soin. J'ai cru pouvoir fixer à 13 hectolitres le rendement de l'hectare. Eh bien, si quelqu'un pouvant connaître la vérité vraie, venait m'affirmer que cette évaluation est trop forte ou trop faible d'un quart, je n'en serais nullement étonné, tant je suis incertain sur la valeur absolue des données que moi-même j'ai fournies. Je maintiens qu'il est impossible de connaître d'une manière un peu précise le rendement général ; il est bien plus difficile encore de connaître la consommation annuelle ; elle augmente ou diminue avec l'abondance ou la disette. Le chiffre de 75 millions d'hectolitres est arbitraire et certainement trop faible. Ce serait seulement 447 grammes de pain par individu et par jour. Ce n'est pas assez. Quel est le chiffre réel ? Je l'ignore et tout le le monde l'ignore avec moi. Cet aveu a peut-être moins d'inconvénients qu'une précision mensongère.

Je suis profondément convaincu, Messieurs, que ce n'est pas à l'abondance des récoltes qu'il faut attribuer l'avilissement des prix, c'est à la concurrence des blés étrangers. Est-ce que la raison peut concevoir qu'il en soit autrement ? Est-ce que la concurrence n'amène pas nécessairement le nivellement des prix. Si les prix s'élèvent sur un point, est-ce que la marchandise ne l'y précipite pas jusqu'à ce qu'ils soient tombés ? Il ne peut y avoir d'autre différence que celle qui provient des frais de transport. Ceci est tellement élémentaire, qu'en vérité je n'ose pas y insister. Or, les frais de transport d'Odessa à Marseille ne s'élèvent pas à plus de 3 fr. 50 cent. par hectol. (1).

Et notez que le prix de 13 fr. pour les blés russes est un prix exceptionnellement élevé. La récolte, en 1865, n'avait pas été abondante. M. Thiers et M. le ministre d'État se sont plu à mettre en lumière cette loi providentielle en vertu de laquelle l'abondance ou la disette ne sont jamais générales, et qui maintient une moyenne à peu près constante pour la production universelle De plus, la Russie

____

(1) Darblay. — Enquête de 1859. — Quelques armateurs de Marseille les portent à 5 fr. ; quelque recommandable que soit leur opinion, j'aime mieux croire ceux à qui l'impartialité est plus facile.

ne peut manquer, dans un avenir prochain, de perfectionner ses cultures, et l'Egypte va reprendre incessamment la culture du blé, abandonnée pour celle des cotons, devenue plus lucrative par suite de la guerre d'Amérique (1).

Quant à ces 3 fr. 50, prix d'importation qui constituait pour nous un reste de protection fourni par la nature ou par la loi, ils seront encore réduits. Vous savez, Messieurs, que presque toutes les importations de blé se faisaient sous pavillon étranger, turc, grec, russe, italien, maltais, etc. ; la nouvelle loi sur la marine marchande a fait disparaître la surtaxe de pavillon ; le droit se trouve ainsi réduit à 0,37 centimes, qu'un acquit à caution dispensera de payer (2).

On nous dit : les importations seront toujours insignifiantes, car notre production suffit à notre consommation; et quand nous avons trop de blé, la Russie en manque. La Russie en manquait donc en 1864 et 1865, et elle nous a livré ses blés à 13 fr. l'hectolitre. A quel prix nous les livrerait-elle en temps d'abondance ?

Les importations insignifiantes ! mais elles se sont élevées, pendant la dernière période quinquennale, à 25 millions de quintaux métriques. Ont-elles été sans influence sur les cours ? Il est indispensable que je revienne encore

(1) Le blé d'Egypte rendu à Marseille, coûte : achat, 10 fr. ; différence de valeur, 2 fr., frais, 3 francs. (Georges Ville. — Conférences sur la crise agricole devant la science.)

(2) M. le baron de Butenval, dans son célèbre rapport au Sénat, nous fait observer que le droit est de 50 c. et non de 37. C'est pourtant lui qui se trompe ; le droit est de 50 c. par 100 kilos, et par conséquent de 37 c. par 75 kilos, poids moyen d'un hectolitre de blé.

sur la question si controversée des importations et des exportations. Je ne dois pas oublier que si cette enquête a pour objet de rechercher les moyens d'améliorer la production agricole, elle a pour objet surtout de juger la législation en vigueur, d'apprécier si ses effets ont été favorables ou défavorables à l'écoulement de ses produits. Or, on est arrivé, par des combinaisons ingénieuses de chiffres, en en supprimant même quelques-uns, à des résultats tout-à-fait inattendus. Non-seulement l'abolition de toute taxe n'aurait pas encouragé les importations, elle aurait encore favorisé les exportations : interrogeons les faits.

Les importations, ai-je dit, déduction faite de celles qui proviennent de l'Algérie, se sont élevées à 25 millions 280720 quintaux métriques. Les exportations pendant la même période ont été de 15 millions 480524 quintaux métriques. Différence en faveur des importations, 9 millions 800196 quintaux, ou 13 millions 66 mille hectolitres. Je sais bien que M. le Commissaire du gouvernement veut absolument en retrancher les importations qui se rapportent à l'année 1861, et même celles de l'année 1862, procédé qui modifierait singulièrement le résultat. Voyons si ce procédé est aussi juste que commode.

L'année 1861 n'avait pas été bonne ; la production ne fut que de 75 millions d'hectolitres. La consommation étant de 90 millions, elle laissait donc un déficit de 15 millions d'hectolitres qu'il fallait bien combler. — Sans doute, et je ne fais pas ici de procès à l'importation, je la remercie au contraire. — Quant à l'année 1862, la récolte n'est arrivée qu'en juillet ; il a donc fallu vivre six mois sur les approvisionnements de 1861. De là un nouveau vide qu'il fallait encore combler. Donc, les importations de 1861 et 1862 n'ont pu peser sur les cours. Voilà l'objection.

Mais, si la consommation de la récolte de 1862 n'a commencé qu'en juillet, celle de la récolte de 1861 n'avait aussi commencé qu'en juillet, et par conséquent, les approvisionnements de 1861 n'ont dû suffire, comme ceux des autres années, qu'aux besoins de douze mois, de juillet 1861 à juillet 1862. Quant à l'année 1861, a-t-elle laissé réellement un déficit de 15 millions d'hecto-litres ?

La récolte de 1860 avait été abondante. Les chiffres officiels portent le rendement à 100 millions d'hectoli-tres, et j'accepte les chiffres officiels. Or, vous savez que sous l'ancienne législation, surtout quand le prix était mé-diocre, — et le prix de 1860 avait été de 20 fr. ou, pour parler plus exactement, de 20 fr. et 4 c., — le cultivateur n'était pas fâché de conserver dans ses greniers une partie de son grain. Il savait qu'une concurrence immodérée ne viendrait pas précipiter les cours, et il pouvait raison-nablement espérer de les vendre un peu plus cher, si la récolte suivante était peu abondante. L'année 1860 laissait donc un excédant de 10 millions d'hectolitres qui, au mois de juillet 1861, sont venus s'ajouter aux 75 mil-lions d'hectolitres provenant de la récolte actuelle, et porter à 85 millions d'hectolitres le chiffre des approvisionne-ments. Le déficit était donc de 5 millions et non de 15 mil-lions d'hectolitres. Ces 5 millions sont tout ce que je puis retrancher des 13 millions d'hectolitres excédant des im-portations sur les exportations, et il reste encore 8 mil-lions d'hectolitres qui ont dû peser sur les cours des années, d'après vous si abondantes, qui ont suivi.

Pensez-vous, Messieurs, que ce soit une quantité insignifiante que ces 8 millions d'hectolitres jetés sur nos marchés et dont la consommation n'avait que faire?

Et quand même les importations auraient été nulles, est-ce à dire que la possibilité d'importer n'aurait pas suffi pour précipiter les cours? Quand l'acheteur vient vous dire : Je puis avoir les blés russes à 13 fr., livrez les vôtres au même prix ou vos greniers resteront pleins. Comment dans une semblable situation ne serions-nous pas forcés de capituler et d'accepter les conditions qu'on nous fait? Est-ce que le percepteur attend? Est-ce que les ouvriers attendent? Est-ce qu'il ne faut pas faire de l'argent à tout prix?

Mais c'est surtout au Midi que l'importation a été funeste.

Marseille a reçu en 1862, 5 millions 700000 hectolitr.

             en 1863, 3   —   500000   —

             en 1864, 3   —   254000   —

             en 1865, 2   —   900000   —

Toutes les exportations se font par le nord, toutes les importations se font par Marseille, grâce à sa situation, et se consomment dans le Midi, grâce aux acquits à caution dont je ne veux dire qu'un mot.

En principe, Messieurs, rien de plus avantageux que les acquits à caution. Les matières premières entrées en franchise, doivent sortir manufacturées ; elles doivent donc alimenter le travail national, sans peser sur les cours, Dans l'espèce, l'importateur présente à la douane une cargaison de blé; il reçoit un acquit à charge de réexporter, dans un délai déterminé, une quantité équivalente de farine. Mais vous savez par quelle manœuvre ingénieuse les exportateurs du Nord font décharger ces acquits moyen-

nant quelques centimes de prime, tandis que les blés
importés dans le Midi y sont livrés à la consommation
sans payer aucun droit. C'est ainsi que nous subissons
toutes les importations, tandis que le Nord profite des
exportations; il y a là une fraude et une injustice. Si l'on
veut accorder une prime à l'exportation, — cela a été dit, —
ce n'est pas à notre détriment qu'on a le droit de le faire.
Quant à la meunerie, elle ne manquera jamais de matières premières, et nos farines recherchées sur tous les
marchés s'écouleront toujours avec facilité.

On redoute la concurrence que les blés russes, refoulés
à Marseille, iront nous faire sur les marchés anglais; mais
pour arriver à Londres, ces blés auront à payer 2 fr. de
fret, 2 fr. dont s'accroîtra la valeur de nos blés exportés
par le Nord; et puis, en vérité, si nous ne pouvons exporter par le Nord qu'à la condition d'importer par le Midi,
c'est une opération purement commerciale. L'agriculture
n'a rien à y gagner, et le producteur du Midi a beaucoup
à y perdre.

Je sais bien qu'à Marseille, malgré les importations,
les cours ont été de 2 fr. plus élevés que sur les marchés
du centre. Mais la raison en est simple, les blés du centre
avaient 2 fr. à payer pour se faire transporter à Marseille;
l'importation le savait et elle profitait de la différence.

En résumé, Messieurs, l'agriculture souffre. Je passe
sous silence plusieurs des causes de ses souffrances, parce
que nous savons, quoi qu'on en dise, nous incliner devant
les faits que la volonté de l'homme ne saurait modifier;
mais elle souffre surtout de l'avilissement du prix des céréales, et elle le doit à la législation de 1861. Le nier,
c'est nier l'évidence.

Est-ce qu'on n'en fait pas l'aveu, Messieurs, en nous donnant ces conseils que nous serions bien heureux de pouvoir suivre, et sur lesquels je vous demande la permission de m'arrêter un instant.

Il faut que chaque pays produise ce que la nature lui permet de produire à plus bas prix et en plus grande abondance ; c'est la loi économique de l'avenir. La culture des céréales a cessé d'être rémunératrice : eh bien, élevez du bétail, faites des prairies arrosables, des fourrages, des racines fourragères ; fumez abondamment. Si le fumier de ferme ne vous suffit pas, employez les engrais commerciaux. Est-ce que la science ne vous enseigne pas, avec une précision mathématique, la nature et la quantité des substances que vous devez employer pour activer la végétation et tripler vos productions ? au nom de la science, ne vous attardez pas sur la voie du progrès, marchez en avant. Vous vous plaignez que le prix de revient est trop cher ; il dépend de vous de le réduire. Cet hectare qui ne produit que 14 hectolitres, donnez-lui de l'ammoniaque, des phosphates, des sels de potasse, il en produira 30. Et puis, pourquoi ces jachères ? Faites de la culture intensive ; c'est là qu'est l'avenir de l'agriculture. Il n'est pas dans une protection surannée et impuissante.

Nous sommes touchés, comme il convient, des conseils bienveillants qu'on nous donne ; mais, si nos conseillers pouvaient descendre des sommets où la science les a élevés aux détails de la pratique, ils se trouveraient en présence de difficultés qu'ils ne soupçonnaient pas, et s'apercevraient bien vite qu'il est plus aisé de donner des conseils que de les suivre.

La science est l'œuvre des siècles, Messieurs ; chaque

génération y apporte sa pierre. Les notions qui nous paraissent vulgaires, sont le fruit de l'expérience, et si notre siècle a fait de grandes choses, c'est parce qu'au lieu de dédaigner les enseignements du passé, il a su les recueillir et les féconder. Ne quittons pas ces errements ; nos pères pensaient que la terre avait besoin de repos, non-seulement pour puiser dans l'atmosphère les éléments qu'elle livrera à la végétation, mais encore pour subir par le travail une sorte d'émiettement, et devenir pour la jeune plante un milieu favorable à son développement (1) ; cette règle ne manque pas de sagesse, la culture intensive ne peut convenir, dans nos contrées, qu'aux terrains privilégiés ; elle pourra s'étendre dans une certaine mesure, elle ne se généralisera jamais.

Quant à l'emploi des engrais commerciaux, il doit être fait, pour être fructueux, dans des conditions de température et d'humidité que la nature seule règle à sa guise. Ces quelques grains de blé, dont, dans vos expériences et pour notre édification, vous activez ou ralentissez à volonté la végétation, vous les arrosez quand il vous plaît; après les avoir repus de mets abondants et choisis, vous leur en facilitez la digestion par des libations suffisantes. Pensez-vous que la chose vous serait facile si vous cultiviez plusieurs hectares ? Vous n'avez résolu qu'un des côtés du problème, et ce n'est pas le plus difficile. Si le cultivateur n'emploie guère que le fumier de ferme, c'est

(1) Faites un fossé au milieu d'un champ, comblez-le avec la terre ambiante, ensemencez sans fumier : vous verrez, sur l'ancien fossé, une belle végétation, tandis qu'elle sera chétive sur le reste du champ. La fumure n'est donc pas, comme on semble le croire, la condition unique et essentielle pour obtenir une belle végétation.

parce qu'il sait que c'est celui qui lui prépare le moins de déceptions, et que si les saisons le servent mal, du moins il n'aura pas fait en pure perte une dépense considérable (1).

Encouragez donc surtout la production du fumier de ferme. A vrai dire, il n'en est pas besoin, tout le monde en apprécie l'importance ; on s'efforce d'élever du bétail. Malheureusement, l'élève du bétail n'est guère possible qu'avec des prairies arrosables, et ce n'est pas sérieusement qu'on nous conseille d'en faire à nous qui ne sommes pas sur le parcours du canal projeté de Saint-Martory.

Il n'est pas facile non plus de cultiver des racines fourragères sur des terrains dont la couche arable n'a souvent pas plus de quarante centimètres d'épaisseur. Il y aurait à cela un excellent remède ; il consisterait à défoncer le sous-sol, à le rendre perméable ; ce serait le meilleur et le plus durable de tous les drainages. Celui-là, Messieurs, ce n'est pas la science qui l'a imaginé, on le trouve quelque part dans le bon homme la Fontaine ; mais il exige une dépense considérable de main-d'œuvre, et, par le temps qui court, on ne la trouve pas quand on veut, la main-d'œuvre.

S'il n'est pas facile de faire, à volonté, du fumier de ferme, je reconnais qu'il serait facile de le mieux conserver. Je serais heureux, Messieurs, de voir se généraliser une pratique excellente, peu coûteuse et dont l'efficacité n'est pas contestable ; celle de mettre les fumiers à couvert. Dans presque toutes les exploitations, les fumiers sortis des étables sont mis dehors, exposés à la pluie et

(1) Il faut, pour fumer un hectare pour quatre années, 1500 kilos d'engrais chimiques ; coût, 530 fr., soit par an, 400 kil.; coût, 133 fr. (Georges Ville. Conférence sur la crise agricole devant la science).

au soleil, soumis tantôt à des lavages répétés, tantôt à des desséchements prolongés ; j'estime qu'ils perdent la moitié de leur puissance fertilisante ; pourquoi ne pas les mettre à couvert, pourquoi ne pas en augmenter encore la quantité et l'énergie en y faisant séjourner le bétail à laine qui ne s'en trouverait pas plus mal ? Ce serait là un progrès positif, considérable et peu coûteux, je le répète, car il suffirait d'une dépense une fois faite, de 100 fr. environ par tête de bétail (1).

Il est une culture, Messieurs, qui aurait pu devenir prospère, si l'écoulement de ses produits n'était arrêté par des entraves sans nombre ; prohibition monstrueuse, dont, par une contradiction étrange, les libres-échangistes sont devenus les défenseurs zélés ; je veux parler de la viticulture qui occupait, en 1859, 2 millions 179 mille hectares, et qui s'est étendue depuis, grâce au morcellement de la propriété. Chaque petit propriétaire a voulu avoir sa provision de vin et a planté sa vigne ; je ne crois pas pourtant que la production du vin se soit beaucoup accrue. L'oïdium n'a pas encore disparu, et aucune amélioration n'a été réalisée, soit dans le choix des cépages, soit dans la fabrication des vins. Comment en serait-il autrement, Messieurs, quand le placement des vins est devenu à peu près impossible ?

Le vin, ce liquide généreux, qui, selon l'expression biblique, réjouit le cœur de l'homme, que l'hygiène recommande comme un excellent aliment, est devenu pour le producteur un embarras. Pour l'habitant des villes un

(1) L'agriculture ne peut se passer du travail des animaux : il faut les nourrir et consommer la paille : nous sommes donc condamnés à faire du fumier de ferme ; l'engrais chimique ne le remplacera jamais.

objet de luxe, et trop souvent un véritable poison ; pour la
moitié de la France, quelque chose d'inconnu et de dédaigné ; et tout cela grâce aux exigences du fisc qui s'est
acharné sur lui avec une prédilection malheureuse. Le vin
ne peut pas faire un pas, subir une transformation sans
payer un nouveau droit. Il est la bête de somme de l'impôt.
Il paye pour sortir de chez le producteur ; il paye pour
entrer dans la ville ; il paye pour être vendu au détail.
Transformé en alcool il paye encore ; si bien, qu'une
denrée qui ne donne pas à l'agriculture plus de 154 millions (1) supporte 225 millions d'impôts. Aussi, malgré
l'assertion de M. le Ministre d'état, nos vins arrêtés par
tant d'obstacles restent dans nos caves. Les droits d'octroi
viennent encore s'ajouter à tous ces droits et les rendre
véritablement exorbitants. Comment se fait-il que des amis
fervents de la liberté commerciale ne s'émeuvent pas, quand
ils voient nos vins, à leur entrée à Paris, frappés d'une
taxe de 20 fr. 35 c. pour les vins en fûts et de 28 fr. 60 c.
pour les vins en bouteille, 300 p. $^o/_o$ de leur valeur réelle.

Ou je me trompe fort, ou cette question des octrois aura
dans cette enquête une place importante. Les octrois représentent la prohibition dans ce qu'elle a de plus vexatoire.
Le libre accès de nos marchés intérieurs serait pour l'agriculture un bienfait qu'elle réclame avec instance.

Que le producteur étranger, en arrivant en France, ait
une taxe à payer, de quoi peut-il se plaindre ? Nous n'avons
à consulter que nos intérêts, et si nos conditions ne lui
conviennent pas, il est libre de ne pas les accepter. Mais
le producteur français est dans une situation bien différente.

(1) Tableau déjà cité.

Si les marchés intérieurs ne lui sont ouverts qu'à des conditions trop onéreuses, il sera froissé dans ses intérêts matériels et aussi dans les sentiments de solidarité qui l'unissent à ses concitoyens. Les membres d'une société sont liés par des obligations réciproques, et chacun d'eux travaillant à la prospérité commune, ses produits ne doivent pas être repoussés par des taxes qui blessent à la fois la justice et l'égalité.

Ces taxes, d'ailleurs, sont destinées à satisfaire des besoins qui ne sont pas les nôtres ; à assainir des villes que nous n'habitons pas, à construire des monuments que nous ne verrons jamais, à subventionner des plaisirs dont nous n'aurons pas notre part.

Et qu'on ne vienne pas dire que c'est la consommation qui les paye ; non, Messieurs. Quand les taxes acquièrent les proportions exorbitantes que nous leurs voyons, il faut que le consommateur s'abstienne ou que le producteur consente à avilir ses prix. Voilà pourquoi nos vins ne trouvent pas d'acheteurs à 8 fr. l'hectolitre. Je n'insiste pas sur les inconvénients des octrois ; en principe je ne trouverais pas beaucoup de contradicteurs.

Mais ils donnent 168 millions ; où trouver ailleurs une semblable somme ? Eh bien, Messieurs, s'il faut que je dise ici toute ma pensée, j'estime qu'il serait bien heureux qu'on ne la trouvât pas. Depuis quelque temps, les édiles de nos cités, stimulés par des exemples venus de haut, semblent prendre au sérieux le mot célèbre du député maçon : quand le bâtiment va, tout va. Le bâtiment va beaucoup trop, et si la prudence ne les arrête pas sur cette voie fatale, je souhaite qu'ils soient arrêtés par la force des choses. Quant aux dépenses ordinaires ; les 32 mille

communes qui n'ont pas d'octroi savent comment on y
pourvoit, à l'aide des centimes additionnels. Il y a dans
les villes de plus de cinq mille habitants, huit cent mille
propriétés bâties dont la valeur absolue serait de quelques
millions, dont la valeur vénale est de 10 milliards et le
revenu de 500 millions. Qu'est-ce qui leur donne cette
valeur énorme? ne sont-ce pas les travaux de toute sorte
qui s'y exécutent, et dès lors quoi de plus juste que de les
mettre à leur charge?

Mais, vous augmenterez la valeur des loyers; non, Messieurs, la valeur des loyers est soumise, comme toutes
choses, à la grande loi de l'offre et de la demande. Cessez
d'attirer dans les villes ces populations pressées qui viennent y chercher l'oisiveté, le luxe et l'immoralité, et vous
aurez diminué la valeur des loyers.

Croyez-moi, Messieurs, il faut en venir aux réformes
sérieuses. Ce n'est pas par des paroles flatteuses ou de
vains encouragements qu'on nous viendra en aide. Qu'ont
produit ces concours régionaux où l'agriculture, laissant ses
haillons au logis, se montre en habits de fête; ils n'ont
servi que ceux qui, selon l'expression ministérielle, demandent à l'agriculture la gloire, ou mieux une distinction
honorifique, ce qui est à la fois plus modeste et plus sûr.

Je dois, maintenant, Messieurs, passer rapidement en
revue quelques-uns des moyens proposés pour nous venir
en aide, et apprécier à leur juste valeur les secours que
nous en pouvons attendre; car il faut que les illusions
tombent et que la situation apparaisse dans toute la
netteté.

Je ne saurais passer sous silence une question, qui a
pris, dans ces derniers temps, une importance inattendue,

grâce, peut-être, à l'habileté avec laquelle elle a été présentée par l'un des membres de la commission supérieure d'enquête, M. le baron de Veauce. Je veux parler des modifications à nos lois successorales, demandées au nom de l'agriculture et du commerce, et qualifiées, par un étrange abus de langage, de liberté de tester.

Faisons d'abord justice de ce mot au nom des principes mêmes sur lesquels repose le droit de propriété. Dieu me garde, Messieurs, d'attaquer ces principes. Sans eux, l'État tombe en lambeaux et la société se dissout. Mais il importe de les renfermer dans leurs limites naturelles, et de conserver à la volonté générale dont la loi est l'expression positive, le droit de déterminer les conditions dans lesquelles la possession s'exerce et se transmet.

Sorti des mains de Dieu, l'homme ne possède que ses facultés. Bientôt, la nature lui faisant sentir le besoin d'assurer son existence, lui donne la légitime ambition d'acquérir; met en mouvement ces facultés dont le produit sera son bien personnel. Mais si rien ne lui en garantit la possession, son droit sera sans efficacité, précaire et illusoire. La société intervient; elle lui assure la paisible jouissance du fruit de son travail, en lui imposant, toutefois, certaines concessions qui lui paraissent nécessitées par l'intérêt général. C'est ce qui faisait dire à Mirabeau : Le droit de propriété est une création sociale. La loi détermine le rang et l'étendue qu'il occupe parmi les droits du citoyen.

Si le droit de propriété est une création sociale, à plus forte raison celui de transmettre par succession. Transmettre par succession, c'est transmettre ce qu'on ne possède plus. Car la possession a cessé avec l'existence. La loi a fait sagement en étendant au delà des limites de la vie, le droit de transmettre, car elle a donné au travail de l'homme un puissant encouragement. Mais elle ne pouvait se dépouiller du droit de réglementer cette transmission, et elle en a usé récemment, pour la propriété la plus personnelle de toutes, celle qui émane de l'intelligence.

Abandonnons ces vues théoriques ; voyons le but que se proposent les adeptes de ces idées inspirées par les souvenirs du passé : arrêter le morcellement de la propriété ; conserver intactes les grandes exploitations commerciales et agricoles que le partage forcé divise et fait souvent disparaître ; donner à l'autorité paternelle la force nécessaire pour conserver l'enfant à la profession de ses pères ; rendre impossibles les existences oisives et inutiles : tel est le résultat auquel on espère arriver.

Le morcellement de la propriété est-il un mal réel ? il serait permis d'en douter, Messieurs, en voyant le développement immense qu'a pris la production agricole depuis que la loi civile a donné à tous la facilité de posséder. Sans doute, la grande propriété rend l'exploitation plus facile ; mais aussi, quelle énergie donne au petit propriétaire le sentiment de son indépendance ! avec quelle ardeur il surmonte les difficultés devant lesquelles reculerait le travail mercenaire ! Laissez-lui son champ, Messieurs, la société ne gagnerait rien à le déposséder.

Mais, me dit-on, le jeune homme, sûr de trouver dans la succession paternelle les moyens de s'assurer une existence d'oisiveté et de plaisirs, perd le goût du travail ; et l'autorité paternelle, affaiblie par la loi, est impuissante à l'y ramener. Et dans votre système, l'enfant privilégié n'est-il pas dans les mêmes conditions, tandis que celui que le père sacrifie à son orgueil est privé de la part de

patrimoine qui lui aurait permis de créer un établissement et de le faire prospérer. Je ne parle pas du triste
tableau qu'offrent aux yeux du moraliste, des enfants
élevés au même foyer, et voués l'un à l'opulence et l'autre
à la misère? Non, Messieurs, ne donnons pas à l'enfant
exhérédé le droit de maudire la mémoire de son père; ne
créons pas entre les enfants d'une même famille des sources
d'envie et de haine. Et s'il se trouve des parents assez
dénaturés pour méconnaître la voix de la nature, que la
loi reste armée pour les y ramener. Pour moi, je deman-
derais plutôt la suppression de la quotité disponible,
source de bien des injustices, si je ne savais que quelquefois,
surtout dans les classes peu aisées, cette quotité devient la
récompense légitime des mains pieuses qui ont le mieux
compris et accompli leur devoir.

En passant le niveau égalitaire sur le partage des suc-
cessions, nos pères ont fait de la grande politique. Soyons
assez sages pour ne pas toucher à leur œuvre.

J'arrive à un moyen auquel on a attaché bien plus d'importance : le développement du crédit. J'ai dit ailleurs que
la dette hypothécaire était d'environ 10 milliards. Il s'est
fait, dans ces dernières années, un grand nombre de
ventes de terres, au détail, qui ont dû l'aggraver beaucoup;
ces sortes de ventes se font ordinairement à crédit et au
moins un quart en sus de la valeur réelle. Or, Messieurs,
la dette hypothécaire, n'est qu'une partie de la dette réelle
de l'agriculture. L'emprunt hypothécaire est surtout destiné
à suppléer à l'insuffisance des capitaux consacrés à l'acqui-
sition du sol. Quant au fonds de roulement nécessaire à
l'exploitation, à l'achat des matières premières, des machines, du bétail, etc., il est aussi demandé au crédit et

constitue ce que j'appellerais volontiers la dette flottante
de l'agriculture. C'est ce fonds de roulement que devrait
augmenter le développement du crédit. On pourrait d'abord
se demander s'il serait prudent d'augmenter la dette
déjà si lourde qui pèse sur la propriété rurale. Voyons,
cependant si les conditions auxquelles on lui offre de l'argent sont moins onéreuses que celles qu'elle a obtenues
jusqu'ici.

Constatons d'abord que le propriétaire qui exploite
directement ses terres, n'éprouve, pour emprunter, aucune
difficulté, quand il offre au prêteur des garanties suffisantes de solvabilité. Souvent, il trouve de l'argent sans
avoir recours à l'emprunt hypothécaire. Et quand il y a
recours, il ne paye pas plus de 5 fr. 75 c. y compris les
frais. Or, vous savez que l'exploitation directe est généralement adoptée dans nos contrées ; je pourrais peut-être
dire, dans toute la France, car le fermage ne convient
guère qu'à la grande propriété devenue bien rare, puisque
60 mille propriétaires seulement possèdent 90 hectares (1).

Pour le fermier et le colon partiaire, la difficulté est
plus grande, précisément, parce qu'ils n'offrent pas au
prêteur des garanties de solvabilité. Et de plus, il leur
faudrait l'argent à bon marché et l'échéance à long terme,
toutes conditions qu'aucun établissement de crédit ne peut

(1) L'argent n'est pas rare chez les notaires, ce qui semble contra-
dictoire avec les plaintes de l'agriculture. Cet argent provient des
épargnes faites il y a quelques années. Il était destiné soit à améliorer
le sol, soit à acheter de nouvelles terres. Personne ne se souciant plus
d'acheter des terres, les épargnes ont pris une autre direction.

Les frais sont : pour un emprunt de 1000 fr., 41 fr. S'il est contracté
pour 4 ans, c'est 10 fr. par an ou 1 p. %. Pour un emprunt de 4000 fr.,
ils sont de 124 fr. — par an 31 fr. — ou 77 centimes p. %.

accepter. Les capitaux n'obéissent qu'à un mobile, l'intérêt. Comment se contenteraient-ils d'un intérêt de 4 ou 4 et demi p. °/₀ quand les états offrent à l'envi 8 et 10, sans compter les primes. Si nous les suivions dans cette voie, nous serions bientôt, et à notre grand avantage, pourvus d'un conseil judiciaire.

Non, Messieurs, l'argent ne saurait être à bon marché, quand, en quelques années, les emprunts d'États se sont élevés en France à 2 milliards 530 millions, et que les sociétés industrielles ont créé une fortune mobilière sans précédents ; mais fortune de convention, assise sur le sable et que quelque commotion sociale fera crouler tôt ou tard.

Le gouvernement nous a dotés de deux établissements de crédit dont le titre même indique qu'ils nous sont spécialement adressés. Qu'est-il arrivé ? C'est que ces établissements ont fait des affaires avec tout le monde, excepté avec nous. Ils ont prêté à l'État, aux chemins de fer, aux constructeurs des villes. Ils ont été vivement attaqués, bien à tort selon moi. Ils ne nous ont pas refusé de l'argent. Ils nous en offrent encore, mais à des conditions que l'État et les sociétés industrielles peuvent accepter et qui certainement assureraient notre ruine.

Parmi les moyens proposés pour venir en aide aux intérêts agricoles, il en est un qui mérite un examen d'autant plus sérieux, que sa mise en œuvre exigerait, de la part du pays, des sacrifices considérables. C'est l'achèvement de nos voies de transport. Je serais, sans doute, bien mal avisé, Messieurs, si je venais jeter une note discordante au milieu de ce concert unanime qui nous représente l'amélioration de la navigation intérieure comme devant donner à la prospérité de l'agriculture et de l'in-

dustrie, un développement inconnu jusqu'ici. Je ne vise
pas au paradoxe, et je reconnais que les transports à bon
marché seraient pour tous un incontestable bienfait. Si je
défendais ici les intérêts de l'industrie et du commerce, je
ne trouverais jamais assez grands les efforts que ferait
le gouvernement pour atteindre ce but. Mais, au point de
vue spécial qui nous occupe, il me sera permis de faire
quelque réserve et de mettre en regard des avantages,
bien limités, selon moi, que l'agriculture en retirerait,
les inconvénients immenses de cette nouvelle impulsion
donnée à nos travaux publics dont l'exagération me paraît
la cause principale de nos souffrances.

Les voies de communication servent, les unes, à transporter les produits du sol de la ferme au champ, et du
champ à la ferme ; ce sont les chemins d'intérêt privé et
les chemins vicinaux. Les autres, chemins d'intérêt
commun, routes départementales, rapprochent la ferme
de ces grandes voies ferrées ou navigables qui transpor-
teront ces produits sur tous les points de l'Empire.

Les chemins vicinaux sont dans un état fâcheux. Leur
réseau est immense. Ils sont à la charge exclusive des
communes qui ne possèdent de ressources que celles que
leur a créées la loi de 1836. J'estime cependant qu'il serait
imprudent d'aggraver l'impôt des prestations déjà bien
lourd. D'ailleurs, les transports qui s'y font n'exigent pas
une grande vitesse, et les animaux à la démarche lente
et sûre qui les opèrent, ne se laissent pas facilement
arrêter par les obstacles. Sachons attendre les améliorations
qu'amènera la législation actuelle.

L'état des voies, que je range dans la deuxième catégorie,
est satisfaisant. Je ne crois pas qu'il existe une seule

commune qui n'ait quelque chemin terminé, ni de propriété
tellement isolée qu'elle ait plus de 3 kilomètres à faire
pour y aboutir. Nous le devons en grande partie à la
monarchie de juillet, et ce sera pour elle un vrai titre de
gloire. Il est à désirer seulement que les conseils généraux
ne détournent pas au profit des travaux de luxe, les ressources qui doivent pourvoir à leur entretien.

J'arrive aux chemins de fer et aux voies navigables.
Vous savez, Messieurs, que sur nos chemins de fer, les
transports ne se font pas à moins de 4 centimes par tonne
kilométrique. Or, il est impossible d'obtenir directement
un abaissement de tarif. Les compagnies et l'État sont
liés par des contrats réciproques, auxquels ce dernier ne
peut se soustraire. Et d'ailleurs, si l'on tient compte des
capitaux engagés dans le matériel d'exploitation, on ne
peut s'empêcher de reconnaître qu'ils ne peuvent descendre
au-dessous de 3 centimes sans cesser d'être rémunérateurs.
Sur les canaux, au contraire, les tarifs peuvent descendre
à 1 centime et demi. Ce sont, si je ne me trompe, les
tarifs adoptés sur les canaux du nord, rachetés par l'État,
et sur lesquels un tirant d'eau de 1 mètre 60 à 2 mètres
assure une bonne navigation. Il s'agirait, Messieurs,
d'améliorer nos voies d'eau ; de racheter celles qui appartiennent à des compagnies, et de forcer par la concurrence
les compagnies de chemins de fer, qui s'abritent derrière
leurs cahiers des charges, à adopter des tarifs qui se rapprochent le plus, dans la mesure du possible, de ceux
adoptés sur les voies navigables.

Constatons d'abord que le Midi n'aurait rien à espérer
de semblables mesures. Vous savez la situation qui nous
est faite par la concession du canal du Languedoc et du

canal latéral à la compagnie du chemin de fer du Midi.
Je n'ai certes pas l'intention de récriminer. Un chemin de fer était, parait-il, réclamé à grands cris. Les
compagnies concessionnaires étaient rares ; il a fallu subir
les exigences de celle qui s'est présentée. Aujourd'hui, elle
ne demande pas moins de 200 millions pour se dessaisir
du monopole dont elle a été investie. Et tant qu'elle le
conservera, elle usera de son droit, en maintenant les
tarifs qui répondent le mieux à ses propres intérêts. Mais
je n'aime pas ces préoccupations nées d'intérêt qui ne
dépassent pas les limites d'un département ou d'une
région. Je porte mes regards plus loin. J'envisage dans
leur ensemble les besoins de cette grande industrie au nom
de laquelle j'ai l'honneur de me faire entendre, et je me
demande si sa situation serait essentiellement modifiée
par les sacrifices immenses qu'on vient demander à l'État.

Le but à atteindre serait :

1° La facilité, pour l'agriculture, de se procurer les
matières premières, engrais, machines, etc.

Je crois pouvoir vous affirmer, Messieurs, que ce n'est
pas le transport des machines qui grève beaucoup notre
budget, et les engrais se fabriquent sur place dans la proportion de 99 p. % (1).

2° De niveler les prix des denrées sur toute la surface de

---

(1) Il faut, pour fumer un hectare de terre pour 4 ans, 1500 kilog.
d'engrais chimique, coût 530 fr., soit, par an, 400 kilog., coût 133 fr.
Supposez qu'il le faille faire venir de 200 kilomètres de distance, en
chemin de fer à raison de 4 cent. par tonne, cela coûtera 3 fr. au lieu de
1 fr. 20 par voie navigable ; l'engrais coûtera donc 135 au lieu de 134,20.
Si l'hectare produit 22 hectolitres, et il le faut bien pour payer la
dépense, les frais occasionnés par la cherté des transports seront de
0,08 c. par hectolitre. Somme vraiment insignifiante.

l'Empire. Consultons les mercuriales pour les cinq dernières années.

En 1861, le prix moyen, pour toute la France, a été de 24 fr. 55. Le prix le plus élevé s'obtient sur les marchés du Sud-ouest : 25 fr. 39 ; écart, 0 fr. 84.

En 1862. Prix moyen, 23 fr. 24 ; dans la région Sud-ouest, 24 fr. 95 ; écart, 1 fr. 71.

En 1863. Prix moyen, 19 fr. 78 ; dans la région Sud-est, 22 fr. 39 ; écart, 2 fr. 61.

En 1864. Prix moyen, 17 fr. 58 ; dans la région Sud-est, 19 fr. 91 ; écart, 2 fr. 33.

En 1865. Prix moyen, 16 fr. 41 ; dans la région Sud-est, 18 fr. 97 ; écart, 2 fr 56.

D'où il suit que pour ces cinq dernières années, la différence entre le prix moyen pour toute la France et le prix le plus élevé, a été en moyenne de 2 fr. 01, représentant les frais de transport en chemin de fer à 400 kilomètres de distance.

Assurément, Messieurs, si, selon l'expression pittoresque de Madame de Sévigné, nous devons mourir de faim sur un tas de blé, on ne pourra pas en accuser la cherté des transports.

Mais, supposons les frais de transport, pour un hectolitre transporté à 400 kilomètres de distance réduits, comme sur les canaux du nord, à 0 fr. 75 centimes. Il semble que les blés qui viendront approvisionner les marchés qui en manquent, auront à gagner 1 fr. 26. Il n'en est rien. Pour me servir d'une comparaison déjà employée en pareille circonstance, quand deux vases communiquent ensemble, le niveau ne peut s'élever dans l'un sans s'abaisser dans l'autre, et le changement, dans

chacun des vases, est d'autant plus sensible que sa capacité est moindre. A mesure que le blé arrivera sur le
marché qui en manque, le prix baissera. L'écart tendra à
disparaître. Il était de 1 fr. 26, il ne sera plus que de
75°, 50°, 30°, peut-être moins. Voilà, Messieurs, tout
ce que nous avons à espérer des transports à bon marché.
Je ne sais quelles seraient les dépenses à faire pour arriver
à ce résultat; ce que je sais, c'est que les dépenses urgen-
tes seulement absorbaient 95 millions dans le projet d'emprunt de 300 millions présenté, l'an dernier, par le gouvernement et retiré presqu'aussitôt, devant la résistance
de l'opinion publique.

Si vous partagez ma conviction, Messieurs, vous trou-
verez bien douteuse l'efficacité des moyens que nous venons
d'examiner ; et cependant, il importe de trouver un remède
prompt et énergique. Le mal est certain. Ceux qui,
pour le nier, prennent la qualification d'agriculteurs, ne
demandent pas à l'agriculture leurs moyens d'existence.
Ma profession me met en rapports journaliers avec nos
populations rurales. Je pénètre dans la maison du pauvre
et dans celle du riche; je suis le confident obligé de bien
des familles; je puis vous affirmer que le bien-être a cessé
de s'accroître. L'épargne disparaît; la preuve en est partout, le mouvement de la population diminue, la valeur
de sol qui jusque dans ees derniers temps avait suivi une
progression ascendante diminue aussi; ou plutôt, la propriété ne se transmet guère plus que par succession.
L'impôt rentre, sans doute; le percepteur est trop bien
armé pour qu'il ne rentre pas. Et pourtant, en un an, les
frais de recouvrement se sont élevés d'un tiers, de 50°
à 75°, et même à 98° au moment où je parle.

On nous oppose le mouvement des exportations qui se sont élevées, en vingt ans, de 168 à 919 millions. Sans doute, l'agriculture avait fait des progrès incontestables et nul ne les conteste. Mais il ne faut pas le perdre de vue ; ces progrès, elle les avait faits sous l'ancienne législation. D'ailleurs, on se tromperait fort, si l'on croyait que ces 919 millions représentent le bilan de la prospérité agricole. Les vins y figurent pour 280 millions ; les eaux-de-vie, esprits et liqueurs pour 58 millions. Or, avant d'être exportés, les vins et eaux-de-vie ont supporté tous ces droits que nous avons énumérés plus haut (1) ; et la majeure partie de ces 338 millions est entrée dans les caisses de l'Etat et non dans la poche des agriculteurs. J'y vois encore figurer le sel de marais pour 1 million 500 mille fr. Est-ce bien là un produit agricole. Je ne pousserai pas plus loin cet examen critique. Je m'arrête. Par cet échantillon vous pouvez juger du reste. *Ab uno disce omnes.*

Cette situation est due à deux causes : l'avilissement du prix des denrées agricoles quand tout le reste enchérit, la rareté et la cherté de la main-d'œuvre. On a beau déplacer la question, elle est là, elle n'est que là. Il faut, par un droit fixe, mettre un frein à la concurrence des blés étrangers : ce ne sera que justice. L'entrée, en franchise des blés étrangers, c'est la prohibition contre nous. Nos blés payent 2 fr. 80 d'impôt pour avoir le droit d'être consommés ; ce ne sera donc pas un droit protecteur. Mais quand ce serait un droit protecteur, je le réclamerais encore.

Je sais tout ce qu'a de séduisant pour les esprits géné-

(1) Sans compter les bénéfices, légitimes d'ailleurs, réalisés par le commerce.

reux cette théorie du libre échange : que chaque pays produise ce que la nature lui permet de produire en plus grande abondance et à plus bas prix et qu'il vienne le déverser dans le grand réservoir où vient s'alimenter la consommation générale ; que les barrières tombent et que les nations se rapprochent ; que l'humanité soit notre patrie commune ; c'est la loi de Dieu ; c'est le règne de l'âge d'or. L'âge d'or, Messieurs, les poëtes l'ont relégué dans le passé, sans doute pour nous ôter tout espoir de jamais l'atteindre. Revenons à des idées plus pratiques. Nous appartenons à notre pays avant d'appartenir à l'humanité ; sachons accorder à nos intérêts la protection dont ils ont besoin. Est-ce qu'aucune législation a jamais renoncé à la protection ? Sous le règne de votre système économique, je vois la protection partout. Sur les fers, elle est de 22,25 p. %. Sur les machines de 9,38 p. %. Sur les fils de 8,87 p. %. Sur les outils et ouvrages en métaux de 9,87 p. %. Sur les papiers, livres, etc., de 2,61 p. %. Sur les soudes de 20,20 p. %, etc.

Et l'Angleterre dont vous vantez sans cesse la législation libérale, est ce qu'elle a renoncé à la protection ? est-ce qu'elle ne prélève pas 27 fr. par hectolitre de vin (1) ?

(1) Il est facile de comprendre combien l'Angleterre est intéressée à la liberté du commerce des céréales. Pour 4 millions d'hectares consacrés à la nourriture de l'homme, elle en a 15 consacrés à la réparation. Son sol, son climat sont de nature à faire d'excellents pâturages. Les fumiers y abondent, et le blé, qui pour eux est une culture accessoire, est produit à très-bon marché. D'un autre côté, sa marine, qui exporte des quantités considérables de matières encombrantes, trouve dans le blé un fret de retour précieux. Et les navires étrangers qui arrivent avec des cargaisons de céréales, emportent ses marchandises, toujours à son grand avantage.

et les États-Unis ne prélèvent-ils pas 24 p. °/₀ sur les marchandises de provenance anglaise?

Mais, le gouvernement lui-même, est-il autre chose qu'une grande et salutaire protection à laquelle nous sacrifions une partie de nos forces et de notre liberté?

La liberté absolue n'est pas de ce monde, Messieurs, pas plus que la vérité absolue. Tout est dans la mesure : *Est modus in rebus.* Savez-vous où vous conduirait la liberté absolue? à l'individualisme de Proudhon; à la dissolution sociale. Et la protection absolue, savez-vous où elle vous conduirait? à l'absorption pas l'État; au socialisme. Soyons libéraux et conservateurs, et n'allons pas nous briser contre les écueils des théories absolues.

Mais comment contraindre le consommateur à payer plus cher ce que d'autres lui offrent à meilleur marché? parce que nous formons une association ; que nous sommes tous solidaires, et que notre intérêt privé doit s'effacer devant l'intérêt général. Or, pensez-vous qu'il soit de l'intérêt général que l'agriculture périsse? Et elle périra, si vous ne la protégez. Comment voulez-vous que nous acceptions la concurrence avec la Russie ou l'Egypte, à moins que vous ne donniez à nos terres la fécondité des rives du Nil, ou que nos paysans se contentent de la condition de serf ou du Fellah ! nous ne pouvons pourtant pas produire à perte. La perte aboutira fatalement à la grève; non pas à la grève par coalition, mais à la diminution forcée des dépenses productives, du travail, et par conséquent de la production. C'est alors que nous pourrons devenir véritablement tributaires de l'étranger; c'est alors que la famine, ce fantôme dont on nous a menacés, pourra prendre un corps et devenir un danger réel. Parce que nous sommes assis sur deux mers, est-ce donc une raison pour que nous allions demander aux aventures, aux hasards de la navigation, au bon vouloir des autres peuples, des subsistances que nous n'avons besoin de demander qu'à nous-mêmes? Et savez-vous de combien une élévation de 2 fr. 50 c. par hectolitre, renchérirait le prix du pain pour un individu et pour un jour? de 1 centime et tiers. Voilà l'enchérissement qui nous vaudrait la famine. J'ai accusé aussi des difficultés de la situation, la rareté des ouvriers agricoles et son corollaire nécessaire, la cherté de la main-d'œuvre.

D'où provient l'insuffisance des ouvriers agricoles? est-ce des progrès des cultures industrielles qui en occuperaient un plus grand nombre? Les cultures industrielles sont à peu près inconnues dans nos contrées, et nous n'occupons pas plus d'ouvriers que par le passé.

Provient-elle de ce que le morcellement des terres a fait uu certain nombre d'ouvriers propriétaires? Oui, dans une certaine mesure. Mais la production n'y a rien perdu et la société doit s'en féciliter.

Les ouvriers nous manquent, surtout parce que tout les attire vers les villes. Une instruction primaire sans but déterminé, qui ne sait guère donner aux enfants qu'une haute opinion de leur petite capacité, et le dégoût des travaux de la ferme; l'appât d'un salaire plus élevé et des plaisirs qui les attendent dans les grands centres de population.

Le Questionnaire se bat les flancs pour chercher d'où vient l'enchérissement de la main-d'œuvre. Il va jusqu'à accuser l'usage des machines et en particulier des batteuses qui priveraient les ouvriers de travail pendant le battage et les forcerait à demander, pour les autres travaux, un

4

salaire plus élevé (1). Mais le travail ne peut manquer aux ouvriers, puisqu'au contraire les ouvriers manquent au travail.

La cause de l'enchérissement de la main-d'œuvre ; elle est de la dernière évidence, elle crève les yeux. En une période de 10 années nous avons perdu 2 millions 119000 ouvriers ; Paris seul en a gagné 531000.

Ah ! sans doute, ce sont en général des ouvriers charpentiers ou maçons qui émigrent et non des ouvriers terrassiers. Mais si, depuis 15 ans, Paris n'avait pas consacré quinze cents millions en travaux improductifs, — je dis improductifs pour la consommation et non pour le fisc, — nous mettant à contribution pour plus de 300 millions

(1) Tableau comparatif des frais de moisson et de battage par l'ancien et le nouveau procédé pour une moyenne propriété ayant : terres labourables, 20 hectares. — Ensemencés en blé 8 hect. 50 ar. — Prairies arrosables, 8 hectares. — Terres consacrées à la réparation, 2 hectares. — Bétail, 12 têtes. — Bétail à laine, 55 têtes. — Les fumiers mis à couvert. — Rendement en 1866 : 17 hectolitres à l'hectare.

FRAIS DE MOISSON ET DE BATTAGE

PAR L'ANCIEN PROCÉDÉ.		EN FAUCHANT ET DÉPIQUANT A LA BATTEUSE.	
Nombre de journées.	argent.	Nombre de journées.	argent.
pour la moisson.		pour la moisson.	
80 à 2 fr.	160	d'hommes 30 à 2 fr. 50.........	75
battage.		de femmes 30 à 2 fr.............	60
90 à 2 fr.	180	battage.	
récolte du chaume.		72 dont 60 à 2 fr. 25.. 135	
17 à 3 fr.	51	louage de la batteuse et	
		12 j. de mécanicien, chauff., etc. 135	
187	394	132	405

D'où l'on peut voir qu'il y a en effet économie de temps , mais non pas d'argent.

dont 30 millions pour une salle d'opéra ; si les autres villes n'avaient pas imité un si fatal exemple, ces charpentiers et ces maçons seraient des laboureurs.

L'auteur du Contrat social avait bien raison quand il s'écriait : on ne bâtit pas un palais dans une ville, sans mettre en masures toute une province.

Et que le gouvernement ne vienne pas nous dire qu'il ne peut rien pour donner aux forces productives du pays une direction plus utile. Il le peut, et c'est là sa raison d'être et sa force.

Dans une société bien organisée, chaque industrie doit puiser au fonds commun de l'activité sociale, la part qui lui est nécessaire pour suffire aux besoins auxquels elle s'adresse. Dès que cette activité s'exagère sur un point, elle s'affaiblit sur un autre ; l'équilibre est rompu entre la production et la consommation, jusqu'à ce que le capital, le seul et le vrai mobile du travail, vienne le rétablir. L'état dispose d'un capital immense ; qu'il s'en serve pour rétablir cet équilibre, pour nous ramener la main-d'œuvre, pour nous laisser une part de nos épargnes, et nous permettre d'améliorer graduellement la production agricole, d'améliorer aussi le sort de nos paysans et de les retenir aux champs, où il trouvera toujours l'élément conservateur par excellence.

Je demande :

1° L'établissement d'un droit fixe de 2 fr. 50 par hectolitre de blé importé. Droit équivalent à l'impôt que paye le blé français (1);

(1) D'après M. de Forcade la Roquette, un hectolitre de blé ne supporte que 34 centimes d'impôt.

Sur 25 millions d'hectares de terres arables, 15 millions ne donnent

2° L'obligation, pour les blés entrés en franchise, de sortir par le même port;

3° La suppression des octrois ;

4° La révision et la simplification des droits sur les boissons ;

5° Le ralentissement des travaux publics, et en particulier des travaux de construction ;

· 6° Un crédit de 50 millions consacré à faire des remises sur l'impôt foncier aux propriétaires qui y ajouteront une somme au moins double de la remise obtenue, et prendront l'engagement de l'employer en travaux d'amélioration du sol ou des bâtiments approuvés par une commission départementale.

que du blé. Quand ils ne sont pas ensemencés en blé, ils se reposent ou produisent des fourrages qui seront convertis en fumier et en blé.

La production étant de 95 millions d'hectolitres, si chaque hectolitre ne paye que 34 centimes, les 15 millions d'hectares ne payeront que 32 millions. Et comme l'impôt foncier représente seulement les $2/5$ de l'impôt qui grève la propriété rurale, les 15 millions d'hectares ne payeront que 13 millions de fr. d'impôt foncier. Cela ferait-il l'affaire de M. le Commissaire du gouvernement? Qu'en dit M. le baron de Butenval, le terrible redresseur de calculs?

Toulouse, Impr. DOULADOURE, ROUGET FRÈRES et DELAHAUT, success", rue St-Rome, 39.